BEI GRIN MACHT SICH IHR WISSEN BEZAHLT

- Wir veröffentlichen Ihre Hausarbeit, Bachelor- und Masterarbeit

- Ihr eigenes eBook und Buch - weltweit in allen wichtigen Shops

- Verdienen Sie an jedem Verkauf

Jetzt bei www.GRIN.com hochladen und kostenlos publizieren

Carsten Vogel

Klimapolitik Chinas

GRIN Verlag

Bibliografische Information der Deutschen Nationalbibliothek:

Die Deutsche Bibliothek verzeichnet diese Publikation in der Deutschen National-
bibliografie; detaillierte bibliografische Daten sind im Internet über http://dnb.d-
nb.de/ abrufbar.

Impressum:

Copyright © 2010 GRIN Verlag, Open Publishing GmbH
Druck und Bindung: Books on Demand GmbH, Norderstedt Germany
ISBN: 978-3-656-16585-9

Dieses Buch bei GRIN:

http://www.grin.com/de/e-book/191633/klimapolitik-chinas

Klimapolitik Chinas

Carsten Vogel

Inhaltsverzeichnis

1. Einleitung

Wenn man „China" und „Klimawandel" in einem Satz erwähnt, hört man meistens Reaktionen, die so oder so ähnlich klingen: "Die Ziele für wirtschaftliche Entwicklung werden ohne Rücksicht auf Umweltschäden verfolgt" (SCHMIDT-GLINTZER 2008: 20). In der vorliegenden Arbeit wollen wir erörtern, ob diese Aussage tatsächlich auf China zutrifft.

China hat in den letzten 30 Jahren eine Entwicklung durchlebt, die bemerkenswert ist. Die Bevölkerungszahl ist explodiert, die Wirtschaft ist rasant gewachsen, und so hat sich China zu einem Land entwickelt, das von der internationalen Gemeinschaft ernst genommen wird – ja werden muss, denn durch seine wirtschaftliche Macht spielt es auf dem globalen Markt eine tragende Rolle.

Doch als in den letzten Jahren der globale Klimawandel und dessen Folgen immer stärker in den Blickpunkt rückten, war China eines der Länder, auf die schnell der Finger gezeigt wurde und immer noch wird. Durch sein starkes Wirtschaftswachstum hat es sich langsam aber sicher an die Spitze der Hauptemittenten von Treibhausgasen gesetzt (ZHANG 2009: 6) und wird somit rasch als Schuldiger ausgemacht.

In dieser Arbeit wollen wir uns aber weniger mit der Schuldfrage beschäftigen, obwohl Chinas Meinung dazu – wie wir noch sehen werden – klar ist. Viel mehr wollen wir der Frage nachgehen, was China im Kampf gegen den globalen Klimawandel unternimmt und ob diese Bemühungen schon ausreichend sind.

Zunächst wird ein kurzer Überblick über die rasante wirtschaftliche Entwicklung Chinas und deren Auswirkungen auf die Umwelt gegeben. Anschließend wollen wir uns kurz mit den aktuellen Umweltproblemen des Landes beschäftigen. Bevor dann auf die verschiedenen politischen Maßnahmen Chinas, die zur Bekämpfung des Klimawandels dienen sollen, eingegangen wird, werden wir uns die politischen Ebenen näher ansehen. Schließlich beschäftigen wir uns dann näher mit den klimarelevanten politischen Strategien und Regulierungen des Landes. An dieser Stelle werden wir sehen, dass das Thema der erneuerbaren Energien in China besonders relevant ist. Zum Abschluss wird noch ein Ausblick gegeben an den sich ein kurzes Resümee anschließt, in dem Chinas Bemühungen etwas kritisch beleuchtet werden und die Frage im Mittelpunkt steht: Reicht das?

2. Wirtschaftliche Entwicklung Chinas und deren Folgen

Im Jahr 1978 hat die chinesische Regierung entschieden, mithilfe einiger Reformen, die Wirtschaft des Landes gegenüber dem Weltmarkt zu öffnen und dadurch markt-orientierter zu machen (OECD 2007: 36). Das Resultat war eine beispiellose Industrialisierung und rasante wirtschaftliche Entwicklung, die dem Land den Aufbruch in die kapitalistische Wirtschaft der Moderne ermöglichte. Dazu kam eine ebenso rasante Zunahme der Bevölkerung, was ebenfalls zum wirtschaftlichen Aufschwung beitrug.

In den letzten 15 Jahren lag das durchschnittliche Wirtschaftswachstum Chinas bei einer Rate von 10,1 % pro Jahr (ebd.:15). Inzwischen ist das Land die drittgrößte Wirtschaftsmacht der Welt (nur die USA und Japan liegen noch davor) und die urbane Bevölkerung hat sich in weniger als 25 Jahren mehr als verdoppelt (ZHANG 2009: 6; OECD 2007: 41). Trotzdem ist das BIP pro Kopf nach wie vor sehr niedrig und der Wohlstand sehr ungleich verteilt (OECD 2007: 15).

Die ökologischen Folgen dieses Aufschwungs sind jetzt nicht mehr zu übersehen. Manch einer spricht gar davon, diese Entwicklung habe China „inzwischen nahe an den ökologischen Kollaps gebracht" (SCHMIDT-GLINTZER 2008: 21). Doch auch der Umweltbericht der OECD ist klar in seiner Wortwahl:

> "The review confirms that rapid economic development, industrialisation and urbanisation have generated severe and growing pressures on the environment, resulting in significant damage to human health and depletion of natural resources. For example, air pollution levels in some cities are among the worst in the world, one-third of water courses are severely polluted, and illnesses and injuries are associated with poor environmental and occupational conditions." (OECD 2007: 3)

Die Umweltbelastungen nehmen also zu und führen teilweise auch zu einer Beeinträchtigung der menschlichen Gesundheit. Dieser Prozess dürfte sich aller Wahrscheinlichkeit fortsetzen, denn inzwischen ist China nicht nur eines der wirtschaftlich stärksten Länder, sondern auch seit kurzem der größte CO_2-Emittent (ZHANG 2009: 6) und hat damit die USA überholt. Keiner weiß genau, wann die chinesische Wirtschaft die japanische und amerikanische einholen wird, aber die wenigsten zweifeln daran, dass es geschehen wird.

Der Hauptgrund für die starken Emissionen Chinas ist schnell gefunden: Das Land setzt auf Kohle, seine Energie kommt zu 80% von diesem Rohstoff (PARENTI 2009). Diese Tatsache wird auch anhand der folgenden Grafik (Abb. 1) deutlich.

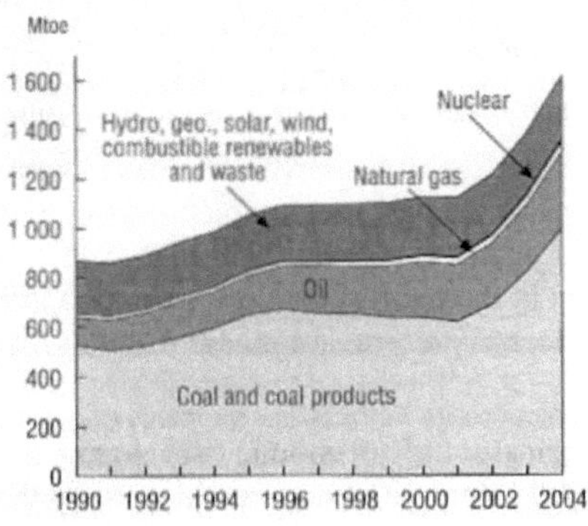

Quelle: OECD 2007: 75

Damit ist China der weltweit stärkste Konsument dieser billigen, aber sehr verschmutzenden Energiequelle (WASSERMANN 2009).

Doch wir wollen uns zunächst die Entwicklung des Umweltbewusstseins der chinesischen Regierung genauer ansehen. Grundsätzlich lässt sich diese in vier Phasen einteilen (vgl. OECD 2009: 6): vor 1949, von 1949 bis 1978, von 1978 bis 2004 und seit 2004. Vor 1949 wurde sowohl das Wirtschaften wie auch der Lebensstil der Chinesen sehr stark von der Idee der Harmonie zwischen Mensch und Natur, die vom Konfuzianismus und Buddhismus propagiert wird, bestimmt. Als Mao Zedong im Jahr 1949 die Macht übernahm, wurde dieser Respekt gegenüber der Natur durch den Aufruf zum Erobern derselben ersetzt. Zwischen 1978 und 2004 war die Umwelt lediglich ein Mittel zum Zweck, denn sie sollte dazu dienen, dass die wirtschaftliche Entwicklung und die Industrialisierung weiter vorangetrieben werden konnten. Nach 2004 schien dann das Umweltbewusstsein der Zentralregierung wieder zu erwachen und so versucht man inzwischen wieder halbwegs in Einklang mit der Natur zu leben. Energie soll gespart werden und Verschmutzung reduziert werden. Auf diese Art und Weise soll eine nachhaltige Entwicklung angestrebt werden.

3. Aktuelle Umweltprobleme Chinas und die Frage der Schuld

Bevor wir uns mit den Lösungsansätzen der chinesischen Regierung zum Problem des Klimawandels auseinandersetzen, wollen wir zunächst auf die Umweltprobleme Chinas eingehen, vor allem jene, die mit dem globalen Klimawandel in Verbindung stehen.

Laut OECD ist die Luftverschmutzung in einigen chinesischen Städten so hoch, wie sonst kaum auf der Welt, die Energieintensität ist um 20% höher als der OECD-Durchschnitt und ein drittel aller Gewässer sind stark verseucht (OECD 2007: 15). Im Jahr 2004 hatte China ein Niveau von 4.800 Millionen Tonnen an CO2-Emissionen erreicht, was einem Sechstel der weltweiten Emissionen entspricht (ebd.: 62). Und die Tendenz ist steigend. Nun hat auch China erkannt, dass es selbst vom Klimawandel betroffen ist:

> "Nach der Prognose aus dem Nationalen Plan zum Klimaschutz wird es in China im Jahr 2020 um 2,1 bis 3,3 Grad Celsius wärmer sein als im Vergleichsjahr 2000. China ist auch trockener geworden. Alle zehn Jahre gibt es um etwa 2,9 Millimeter weniger Niederschlag." (SHI 2008: 32f)

In seinem nationalen Klimaschutzplan erklärt China ebenfalls, dass sich auch in seinen breiten Graden das Klima verändert (China's National Climate Change Programme 2007). Konkret ist von Veränderungen der Temperatur, des Niederschlags, der Gletscher und des Meeresspiegels die Rede. Außerdem wird darauf hingewiesen, dass auch die Anzahl der extremen Wetterereignisse größer geworden ist.

Bei alledem stellt sich aber auch die Frage ob China allein für ihre rasante Wirtschaftsentwicklung und die damit einhergehenden Folgen verantwortlich gemacht werden kann. Denn die Industrieländer haben China zu ihrer Fabrik gemacht und auf diese Art und Weise einen großen Teil ihres CO_2-Fußabdrucks gewissermaßen exportiert. China produziert beispielsweise 72% aller Schuhe, die in den USA verkauft werden und 85% amerikanischer Plastik-Weihnachtsbäume (GREENPEACE 2008).

China selbst weist immer wieder darauf hin, dass die Industrieländer des Westens eine sogenannte historische Klimaschuld hätten, da sie bereits vor 200 Jahren mit dem Prozess der Industrialisierung begonnen haben. Nun sei die Zeit gekommen, dass China dieselbe Entwicklung durchmacht, ohne sich dafür dem Westen gegenüber verantworten zu müssen. Es ist wichtig diese Tatsache im Auge zu behalten, wenn man sich mit der Klimapolitik Chinas, vor allem aber mit ihrer Rolle im internationalen Kampf gegen den Klimawandel beschäftigt.

4. Politische Ebenen (vgl. Qɪᴀɴ 2008: 25)

Bevor wir versuchen werden, die Frage zu beantworten, was China gegen diese Umwelt- und Klimaproblematik unternimmt, wollen wir uns die politischen Ebenen des Landes etwas genauer ansehen.

Grundsätzlich lässt sich die politische Struktur in drei Ebenen unterteilen. Die Zentralregierung stellt die ersten beiden Politikebenen dar, während die dritte Ebene von lokalen Verwaltungen, einschließlich Provinz-, Kommunal- und Regionalregierungen zusammengesetzt ist. Letztere unterstehen jedoch allesamt der zentralen Lenkung.

Die Zentralregierung ist nun dafür zuständig, die grundsätzliche politische Ausrichtung und Führung festzulegen und Ansprachen zu halten, in denen beispielsweise die Haltung der chinesischen Regierung gegenüber globalen Umweltfragen oder zum Klimaschutz dargelegt wird.

Die darunter liegende Ebene setzt sich dagegen mit der Definition spezifischer Ziele, Entwicklungspläne, Gesetze und Regulierungen auseinander. Auf diese Art und Weise soll beispielsweise eine einheitliche Ausrichtung der Schwerpunkte und Ziele in der Entwicklung erneuerbarer Energien sicher gestellt werden.

Die Aufgabe der dritten Ebene besteht in der Konzipierung praktischer und spezifischer Anreizmechanismen und Management-Leitlinien. Hierbei ist allerdings wichtig, dass jegliche Maßnahmen und Programme, die durch Provinz- oder Kommunalregierungen festgelegt werden mit der nationalen Regulierung konsistent sein müssen. Immer wieder kommt es jedoch zu teilweise gravierenden Abweichungen von den staatlichen Regulierungen, da die subnationalen Regierungen eine immer unabhängigere Dynamik entwickeln.

Hierbei wird das Problem der geografischen Größe Chinas deutlich. Wie kann es möglich gemacht werden, dass ein so großes Land einheitlich gegen den Klimawandel kämpft?

5. Was tut China dagegen?

Der Umweltschutz in China hat eine relativ lange Geschichte. Seit 1978 ist der chinesische Staat durch die Verfassung zum Umweltschutz verpflichtet. Bereits ein Jahr später entstand der erste Entwurf eines nationalen Umweltgesetzes, das dann in überarbeiteter Form auch 1989 in Kraft trat (STERNFELD 2008: 46). In dieser Verfassung geht es darum, dass der Staat den vernünftigen Gebrauch natürlicher Ressourcen gewährleistet und dass er Verschmutzung und andere Umweltgefahren verhindert (OECD 2007: 47). In der nachfolgenden Tabelle (Abb. 2) lässt sich ebenfalls gut erkennen, dass China durchaus bemüht ist, seit 1979 einen rechtlichen Rahmen für den Umwelt- und Klimaschutz zu schaffen.

Abb. 2: Umweltbezogene Gesetzgebung in China

1979	Environmental Protection Law (amended 1989 and 2001)
1982	Marine Environmental Protection Law (amended 1999)
1984	Forest Law (amended 1998)
1984	Law on Prevention and Control of Water Pollution (amended 1996, implemented 2000)
1985	Grassland Law
1986	Fisheries Law
1986	Mineral Resources Law
1986	Law on Land Administration (amended 1998)
1987	Law on Prevention and Control of Air Pollution
1988	Water Law (amended 2002)
1988	Wildlife Protection Law
1989	City Planning Law
1991	Law on Animal and Plant Quarantine
1991	Law on Water and Soil Conservation
1993	Agricultural Law
1994	Regulations on Protected Areas
1995	Law on Prevention and Control of Environmental Pollution by Solid Waste (amended 2004)
1995	Law on Prevention and Control of Air Pollution (amended 2000 and 2002)
1996	Law on Prevention and Control of Pollution from Environmental Noise
1996	Law on Coal Industry
1997	Law on Protecting Against and Mitigating Earthquake Disasters
1997	Law on Energy Conservation
1997	Construction Law
1997	Flood Control Law
1998	Fire Control Law
1998	Law on Promotion of Cleaner Production (amended 2003)
1999	Administrative Reconsideration Law
1999	Meteorology Law
2001	Law on Prevention and Control of Desertification
2001	Law on Administration of Sea Areas
2002	Law on Popularization of Scientific Technology
2002	Law on Safety Production
2002	Law on Environmental Impact Assessment
2003	Law on Radioactive Pollution Prevention and Control
2003	Law on Administrative Permission
2005	Law on Renewable Energy

Quelle: OECD 2007: 48

Trotzdem hat die chinesische Führung bis vor wenigen Jahren stets versucht die Unschuld Chinas am Klimawandel zu beweisen. Erst im Jahr 2007 zeichnete sich eine Gedankenwende ab, als die Behörden erstmals einen Nationalen Plan zum Klimaschutz veröffentlichten (SHI 2008: 32f). Auf diesen werden wir später noch eingehen.

Anhand einiger Kernaussagen der chinesischen Regierung lässt sich ihre jetzige grundsätzliche Haltung zum Klimawandel und dessen Bekämpfung besser verstehen (vgl. QIAN 2008: 12f):

- Der Klimawandel ist ein globales Problem, das global bekämpft werden muss. Dabei sollten die Industrieländer bei der Emissionsreduktion die Führung übernehmen und sowohl im technologischen wie auch im finanziellen Bereich die Entwicklungsländer unterstützen.
- Der Klimawandel ist ein Entwicklungsproblem. Daher müssen Wirtschaftswachstum, soziale Entwicklung und Umweltschutz zusammen betrachtet werden. Bemühungen im Klimaschutz dürfen nie auf Kosten der Wirtschaftsentwicklung und der Armutsbekämpfung gehen, was natürlich besonders für die Entwicklungsländer gilt.
- Die Bekämpfung des Klimawandels ist eine gemeinsame aber differenzierte Verantwortung, so wie es auch die UN Klimarahmenkonvention deutlich macht.
- Der technische Fortschritt muss in der Bekämpfung des Klimawandels und in der Anpassung an seine Auswirkungen eine entscheidende Rolle spielen. Daher sollte die internationale Gemeinschaft vermehrt in diesen Bereich investieren. Die Verbreitung und Anwendung neuer Technologien muss gestärkt werden, damit die Fähigkeit zum gemeinsamen Bewältigen dieses großen Problems verbessert werden kann.
- Die Anpassung an die Folgen des globalen Klimawandels ist von höchster Priorität für die Entwicklungsländer. Industriestaaten sollten daher jene Länder beim Ausbau ihres Anpassungsvermögens unterstützen.

Diese Aussagen klingen vernünftig und gut durchdacht, doch inwiefern trägt China dazu bei, dass es nicht beim Reden bleibt, sondern aktiv gehandelt wird? Um diese Frage zu beantworten wollen wir uns im Folgenden die wichtigsten politischen Strategien und Regulierungen des chinesischen Staates genauer ansehen, in denen diese Aussagen auch teilweise verankert sind.

5.1. Politische Strategien und Regulierungen

Die folgenden politischen Strategien und Regulierungen – zu denen auch der bereits erwähnte Nationale Plan zum Klimaschutz zählt – bilden zur Zeit das Kernstück der chinesischen Klimapolitik und verdienen es daher näher betrachtet zu werden: Der elfte Fünf-Jahres-Plan für die nationale Wirtschaft und soziale Entwicklung der Volksrepublik China (2006-2010), Chinas nationales Klimaschutzprogramm (China's National Climate Change Programme; CNCCP), der mittel- und langfristige Entwicklungsplan für erneuerbare Energie in China, und das Erneuerbare-Energien-Gesetz der Volksrepublik China.

Das kommunistische Land veröffentlicht seit dem Jahr 1953 alle fünf Jahre einen sogenannten Fünf-Jahres-Plan. Er ist einer der wichtigsten politischen Strategien Chinas und soll dazu dienen, die wirtschaftlichen Ziele des Landes für die kommenden fünf Jahre zu präzisieren und festzuhalten. Der elfte und aktuelle Plan stammt aus dem Jahr 2006 und befasst sich unter anderem auch mit umweltbezogenen Fragen (CHINESISCHE REGIERUNG 2006). So soll beispielsweise der Energieverbrauch pro Einheit des BIP bis 2010 um 20% verringert werden. Der Wasserverbrauch soll ebenfalls verringert werden und der Ausstoß von Schadstoffen um 10% gesenkt werden.

5.1.1. Chinas nationales Klimaschutzprogramm

Chinas nationales Klimaschutzprogramm (CNCCP) wurde im Juni 2007 ausgearbeitet und ist das ausführlichste und daher wichtigste Dokument im Kampf gegen den Klimawandel. Es wird daher notwendig sein, sich genauer damit zu beschäftigen.

Zu Beginn werden die umwelt- und klimabezogenen Probleme Chinas aufgelistet.

Anschließend wird auf die Treibhausgasemissionen eingegangen und bereits an dieser Stelle lässt sich Chinas Haltung in Bezug auf die Schuldfrage gut erkennen.

So steht dort folgendes: „China's historical GHG emissions are very low and per capita emissions have been below the world average" (CNCCP 2007: 6). Dies ist eine legitime und inhaltlich korrekte Aussage, verschweigt aber gleichzeitig, dass Chinas Gesamtemissionen inzwischen die höchsten der Welt sind, was im Zusammenhang der Klimapolitik auch nicht ganz irrelevant ist.

Anschließend folgt eine ausführliche Auflistung und Erklärung der bereits umgesetzten Vorhaben im Kampf gegen den Klimawandel. Unter anderem wird darauf eingegangen, dass China den Anteil an erneuerbaren Energien in den letzten Jahren gesteigert hat und gleichzeitig die Nutzung von Kohle als Energieträger leicht zurückgegangen ist. Erst im nächsten Teil, in dem es um die Vorraussetzungen und die damit verbundenen

Herausforderungen im Kampf gegen den Klimawandel geht, wird darauf hingewiesen, dass der Kohleanteil nach wie vor zu hoch ist und weiter reduziert werden muss.

Im folgenden Teil des Reports wird anerkannt, dass China selbst immer stärker vom Klimawandel und dessen Auswirkungen betroffen ist. Diese Tatsache stellt das Land vor eine große Herausforderung und droht ihre Entwicklung der letzten Jahre zu stoppen. Im Folgenden wird allerdings angemerkt, dass es historisch gesehen keinen anderen Weg zu Wirtschaftswachstum gibt, als den des hohen Energiekonsums und der hohen CO_2-Emissionen:

> „The development history and trend of various countries has revealed the obvious positive correlations between per capita CO_2 emissions, per capita commercial energy consumption and the economic development level. In other words, with current level of technology development, to reach the development level of the industrialized countries, it is inevitable that per capita energy consumption and CO_2 emissions will reach a fairly high level. In the development history of human beings, there is no precedent where a high per capita GDP is achieved with low per capita energy consumption." (CNCCP 2007: 19)

Dies ist ein Punkt der von der chinesischen Führung immer wieder gerne betont wird und unter anderem dazu führt, dass sie nicht bereit ist internationale Verpflichtungen einzugehen – vor allem dann nicht, wenn eine führende Wirtschaftsmacht wie die USA dies ebenso wenig tut.

Weiters geht es um die Richtlinien, Prinzipien und Ziele Chinas im Kampf gegen den Klimawandel. Nachdem also die Grundlage mithilfe von einigen allgemeinen Richtlinien und Prinzipien geschaffen wurde, werden die konkreten Ziele aufgelistet, die sich teilweise mit denen des Fünf-Jahre-Plans decken. Um einen Eindruck zu bekommen, ist es ausreichend die groben Ziele zu nennen:

- Treibhausgasemissionen reduzieren
- Kapazität für Anpassung an Klimawandel erhöhen
- Forschung und Entwicklung fördern
- das Bewusstsein für das Problem in der Öffentlichkeit zu stärken und die Handhabung dessen verbessern

Der bei weitem längste und ausführlichste Teil der Ausarbeitung befasst sich schließlich mit der Klimapolitik und den konkreten Maßnahmen zur Bekämpfung des Klimawandels. Er umfasst fünf Unterbereiche, die an die bereits erwähnten Ziele anknüpfen: Die Verringerung der Treibhausgasemissionen, die Anpassung an den Klimawandel verbessern, die Förderung von klimarelevanter Forschung und Entwicklung (Bereich Technologie), die Stärkung des Öffentlichkeitsbewusstseins und der Institutionen und Mechanismen. Dies soll bis Ende 2010 geschehen. Doch wie sieht dies konkret aus?[1]

Verringerung der Treibhausgasemissionen

Um Emissionen zu verringern soll der Energiekonsum pro Einheit des Bruttosozialprodukts um 20% reduziert werden. Um dieses Ziel zu erreichen muss Energie eingespart und effizienter genützt werden. Energiesparprogramme werden verstärkt vom Staat kontrolliert und verwaltet und Energiespartechnologien sollen eingeführt werden. Das öffentliche Interesse an effizienter Energienutzung muss unbedingt gesteigert werden.

Der Anteil der erneuerbaren Energie an der Primärenergieversorgung soll auf bis zu 10% erhöht werden und die Methan-Nutzung aus Kohlevorkommen auf bis zu 10 Milliarden Kubikmeter ausgebaut werden. Um dieses Ziel zu erreichen muss eine massive Entwicklung erneuerbarer Energiequellen und eine aktive Förderung der Atomkraft stattfinden.

Im Bereich der Landwirtschaft sollen emissionsarme und ertragreiche Reissorten verstärkt angebaut werden. Dazu kommt die Förderung der halbtrockenen Anbautechnik und einer besseren Bewässerungstechnik.

Der Waldflächenanteil wird auf 20% erhöht werden, wodurch ein Ausbau der CO_2-Senken um 50 Millionen Tonnen im Vergleich zum Niveau von 2005 erreicht wird. Dies soll vor allem durch Aufforstungsmaßnahmen und die Umwandlung von Nutzflächen in Wälder und Grünland erreicht werden.

Verbesserung von Chinas Anpassungsvermögen an die Folgen des Klimawandels

Flächen, die durch Wüstenbildung und Versalzung geschädigt worden sind, sollen im Umfang von 52 Millionen Hektar wiederhergestellt werden. Eine weitere Zielsetzung ist die Züchtung stressresistenter Sorten und die Entwicklung von Biotechnologien.

Es ist angedacht die Wüstenbildung auf einer Fläche von 22 Millionen Hektar durch einen verstärkten Waldschutz und ein verbessertes Naturschutzmanagement einzudämmen.

Durch eine Anzahl von effektiven Maßnahmen – unter anderem die Lenkung der öffentlichen Aufmerksamkeit auf die Notwendigkeit eines sparsamen Umgangs mit Wasser – wird eine Reduzierung der Anfälligkeit der Wasserversorgung gegenüber klimatischen Veränderungen angestrebt.

---

[1] Der folgende Teil stammt aus dem CNCCP, ist aber stark an QIAN 2008 angelehnt.

Man plant noch in diesem Jahr den Anbau und die Verbreitung von Mangroven abzuschließen, um so Flutkatastrophen an Meeresküsten besser verhindern zu können. Um die durch den angestiegenen Meeresspiegel verursachten Schäden so weit wie möglich reduzieren zu können, sollen unter anderem die Meeresspiegelveränderungen überwacht werden und ein Küstenschutzsystem eingerichtet werden.

Förderung klimarelevanter Forschung und Entwicklung

China wird versuchen bis 2010 auf dem fortgeschrittenen internationalen Stand der Klimaforschung zu sein, um die wissenschaftliche Basis für die Entwicklung effektiver nationaler Klimastrategien zu besitzen. Daher soll die Grundlagenforschung zum Klimawandel ausgebaut werden und eine intensive Aus- und Weiterbildung von Experten und Entscheidungsträgern stattfinden.

Weiters wird China eine internationale Kooperation im Technologietransfer fördern, im Bereich der Forschung und Entwicklung hinsichtlich Energiegewinnung, Energieeinsparung und emissionsarmen Energietechnologien versuchen Durchbrüche zu erzielen und das Anpassungsvermögen der Land- und Forstwirtschaft entscheidend verbessern.

Stärkung des Öffentlichkeitsbewusstseins und Verbesserung des Managements

Eine weitere Zielsetzung ist, die öffentliche Aufmerksamkeit auf den Klimawandel zu lenken, um das gesellschaftliche Interesse an dem Thema insgesamt zu erhöhen. Dadurch sollen positive soziale Bedingungen für die Bekämpfung des Klimawandels geschaffen werden. Es wird angestrebt Kommunikation, Aus- und Weiterbildung im Bereich des Klimaschutzes zu stärken und auf diese Weise die öffentliche Unterstützung der Klimaschutzbemühungen sicherzustellen.

In Zukunft ist es angedacht passende und vor allem effiziente institutionelle Rahmenbedingungen und Managementstrukturen zu schaffen, um die Koordination und die Entscheidungsfindung bei Klimaschutzfragen zu erleichtern. Daraus soll dann ein Handlungskonzept für den Umgang mit dem Klimawandel entstehen, das sowohl die Unternehmen als auch die Bevölkerung einbindet.

Stärkung von Institutionen und Mechanismen

Damit solche klimapolitischen Ziele erreicht werden können, bedarf es bestimmter Institutionen und Mechanismen, die für die Umsetzung verantwortlich sind und sie ermöglichen.

Es gibt in China eine Nationale Führungsgruppe zum Klimawandel, die sich mit der Entwicklung und Formulierung zentraler nationaler Strategien, Richtlinien und Maßnahmen zum Klimaschutz auseinandersetzt und für die Koordination und Lösung klimarelevanter Fragestellungen zuständig ist. Der Vorsitz wird von Ministerpräsident Wen Jiabao mit seinem Vize Zeng Peiyan und dem Staatsrat Tang Jiaxuan gebildet.

Weiters soll ein regionales Verwaltungssystem aufgebaut werden, um eine bessere Koordination der Klimaschutzbemühungen zu erreichen. Konkret bedeutet das, dass regionale Verwaltungsstellen eingerichtet werden, die diverse Aufgaben haben werden:

- die Umsetzung dieses nationalen Programms
- die Organisation und Koordination lokaler Klimaschutzaktivitäten
- die Bildung lokaler Expertengruppen
- die Initiierung einer Klimaschutzpolitik, die den Umständen vor Ort angepasst ist.

Die einzelnen Regionen können sich hier durch ihre geographischen Gegebenheiten, die klimatischen Bedingungen und ihre wirtschaftliche Entwicklung unterscheiden. Trotzdem muss die Koordination zwischen der nationalen und den lokalen Regierungen gestärkt werden, damit eine problemlose Realisierung der relevanten politischen Strategien und Maßnahmen gewährleistet werden kann.

Durch den Handel mit Emissionszertifikaten aus CDM-Projekten (Clean Development Mechanism) hat China Einnahmen, die zum Aufbau des Clean Development Mechanism Fonds genutzt werden sollen. Dieser Fonds wiederum ermöglicht es, Klimaschutzaktivitäten des Landes zu fördern, wie beispielsweise klimarelevante Wissenschaft und technologische Forschung oder auch der Ausbau der nationalen Anpassungs- und CO_2-Reduktionskapazitäten. Die Einrichtung des Fonds dient auch dazu, die klimabezogenen Maßnahmen zu finanzieren und eine effektive Umsetzung des nationalen Programms zu gewährleisten.

Zum Abschluss des nationalen Klimaschutzprogramms wird dann noch Chinas Stellung zu den Grundanliegen des Klimawandelproblems erläutert und die Notwendigkeit einer internationalen Zusammenarbeit unterstrichen. Auch an dieser Stelle betont der Bericht gleich zu Beginn des Abschnitts die Klimaschuld des Westens, die durch ihre Wirtschaftsentwicklung seit der industriellen Revolution die Hauptschuld am jetzigen Klimaproblem hätten. Im Zusammenhang der Emissionsreduktion erklären sie daher:

> „For developing countries with less historical emission and current low per capita emission, their priority is to achieve sustainable development. As a developing country, China will stick to its sustainable development strategy and take such measures as

energy efficiency improvement, energy conservation, development of renewable
energy, ecological preservation and construction, as well as large-scale tree planting
and afforestation, to control its greenhouse gas emissions and make further
contribution to the protection of global climate system." (CNCCP 2007: 58)

An diesem Zitat lässt sich der chinesische Ansatz gut erkennen. Oberste Priorität hat nach wie
vor die nachhaltige Entwicklung des Landes, wobei das Wirtschaftswachstum unabdingbar ist.
Nichtsdestotrotz ist China bereit im Rahmen ihrer Möglichkeiten sich dem Kampf gegen den
Klimawandel anzuschließen – in der Hoffnung, dass die entwickelten Länder mit gutem
Beispiel vorangehen und ihre historische Klimaschuld sühnen.

5.1.2. Erneuerbare Energien

Dass China aber vor allem auch auf erneuerbare Energien setzt, wird durch zwei Dokumente
deutlich: das Erneuerbare-Energien-Gesetz der Volksrepublik China und der mittel- und
langfristige Entwicklungsplan für erneuerbare Energie in China.
Das Erneuerbare-Energien-Gesetz trat am 1. Januar 2006 in Kraft und war ausschlaggebend
für einen Wandel im Energiesektor. Das Gesetz soll dazu dienen den Energievorrat des Landes
zu sichern und die Umwelt noch besser zu schützen. Um die Abhängigkeit von Kohle und Öl zu
reduzieren, sieht das Gesetz vor, dass bis 2020 10% der Energieproduktion von erneuerbaren
Energiequellen kommt (OECD 2009: 13).
Seit dem Inkrafttreten des Gesetzes hat die chinesische Regierung es um einige Regeln zu
seiner Durchsetzung ergänzt. So muss beispielsweise eine angemessene Preissetzung für
Strom aus erneuerbaren Quellen stattfinden. Auf diese Art und Weise versuchen die Chinesen
auch die Reduzierung ihrer Treibhausgasemissionen voranzutreiben (OECD 2007: 74)

Der Entwicklungsplan wurde von der nationalen Entwicklungs- und Reformkommission im
September 2007 veröffentlicht. Er soll dazu dienen, dass die Entwicklung erneuerbarer
Energien beschleunigt wird, Energieeinsparungen gefördert werden und
Schadstoffemissionen und Klimawandel gemindert werden. Dadurch soll eine nachhaltige
soziale und wirtschaftliche Entwicklung ermöglicht werden. In dem Plan geht es um
Leitlinien, Ziele, politische Strategien und Maßnahmen für die Entwicklung erneuerbarer
Energien in China bis zum Jahr 2020. Das Ziel ist ein Anstieg des Anteils der Erneuerbaren am
Energieverbrauch um 10% bis 2010 und um 15% bis 2020.

Grundsätzlich lässt sich also sagen, dass China sich zwar in verschiedenen Bereichen des
Klimaschutzes um eine Besserung bemüht, jedoch vor allem bei der Energieproduktion und -

nutzung in den letzten Jahren große Fortschritte erzielt hat. Das Forschungsministerium setzt den Schwerpunkt in diesem Bereich nicht nur auf erneuerbare Energie sondern auch auf saubere Kohletechnologie, Kernenergie und Energiesparen. Das Ziel soll letztendlich ein Energiemix aus Wasserkraft, Windkraft und Atomkraft sein. Dies geht soweit, dass es seit April 2008 sogar ein Gesetz zum Energiesparen gibt. So müssen etwa energieintensive Geräte gekennzeichnet und bestimmte Industriezweige überwacht werden.

Nach momentanem Stand der Dinge konzentriert sich China aber eher auf den Ausbau der Nutzung von erneuerbaren Energien, vor allem Wasserkraft und Windkraftanlagen. In diesem Bereich hat das Land viel Potenzial und Parenti macht klar, wie sehr es beispielsweise von der Nutzung der Windkraft im Energiesektor profitieren kann:

> "Today China is the fourth-largest producer of wind power, its installed capacity having increased by more than 800 percent in four years. Capacity is expected to double again, to 20 gigawatts, in two years. The government's goal for 2020 is to meet 15 percent of its energy needs with renewables, and wind will be a big part of that. But a recent Greenpeace study was even more optimistic, arguing that China could build 122 gigawatts of wind capacity by 2020. That would be the equivalent of five Three Gorges Dams or a score of nuke plants." (PARENTI 2009)

Bei soviel Potenzial im Bereich der erneuerbaren Energien ist es kein Wunder, dass China hier einen Schwerpunkt setzt.

5.2. Weitere Bemühungen

In den bereits erwähnten Fünf-Jahres-Plänen stellt die Regierung ihre Entwicklungs-prioritäten und grundlegenden Ziele für das Land innerhalb der jeweiligen Periode dar. Immer öfter wird in diesen Plänen die Energieproblematik angesprochen. Nachdem die chinesische Regierung beim letztjährigen Klimagipfel in Kopenhagen wiederum versprochen hat ihre CO_2-Ausstöße stark zu reduzieren, hat sie inzwischen auch bekanntgegeben, dass sie dies auch in ihrem zwölften FYP (2011-2015) verankern will. So soll beispielsweise der Anteil der erneuerbaren Energien am primären Energieverbrauch von 9,9% am Ende des letzten Jahres auf 15% bis 2020 erhöht werden (Environmental Policy Programme China 2010).

Zumindest in ihren nationalen Plänen scheuen sie also nicht davor zurück auch konkrete Zahlen zu nennen und als Ziele auszugeben. Das Problem ist aber, dass zu oft diese Ziele nicht erreicht werden, weil sie nicht konsequent verfolgt werden und ökonomisch gesehen nicht effizient sind. Ein weiterer Hinderungsgrund zur Durchsetzung dieser Strategien sind oft lokale Politiker, denen das eigene, regionale Wirtschaftswachstum nach wie vor wichtiger ist als Umwelt und Ressourcenschutz (ROMMENEY/YU 2008: 53). Und doch hat sich schon einiges in China getan, vor allem im Vergleich zu anderen Ländern, wie die OECD deutlich macht:

> "Since 1995, it has reduced its production and consumption of ozone-depleting substances more than any other country; [...] recognized and taken initial steps to confront its emissions of greenhouse gases." (OECD 2007: 29)

Auch die Zusammenarbeit mit anderen Ländern im Bereich des Umwelt- und Klimaschutzes hat innerhalb des letzten Jahrzehnts stark zugenommen. Das zeigt, dass China sich der ökonomischen, sozialen und ökologischen Folgen eines Nicht-Handelns bewusst geworden ist und dass sie auch aufgrund gemeinsamer Interessen offenbar bereit sind, sich mit anderen Nationen in diesem Kampf gegen den Klimawandel zusammenzuschließen.

Erst vor wenigen Jahren hat sich China mit Australien, Japan, Indien, den USA und Südkorea zusammengeschlossen, um unter anderem im Bereich der Technologie Fortschritte zu erzielen, die es ihnen ermöglichen werden, in acht verschiedenen Industriesektoren ihre Treibhausgasemissionen zu verringern (ebd.: 298)

Im nationalen Bereich bemüht sich China vor allem seit 2005 darum, ihre Treibhausgasemissionen in den Griff zu bekommen:

> "...automobile efficiency standards (tighter than the new California standard and only slightly lower than proposed new EU standards), increased tax on fuels, increased tax on large cars, new standards for the building industry." (ebd.: 298f)

Ein weiterer wichtiger Faktor ist der Zugang zu Information über Umwelt- und Klimaprobleme. Auch hier hat China Fortschritte gemacht. Jedes Jahr werden ausführliche Umweltstatistiken und –berichte veröffentlicht. Die Medien und immer mehr NGOs machen die Bevölkerung auf das Problem aufmerksam und fordern ein Eingreifen. Auch im Bereich der Bildung wird eine umweltfreundliche und nachhaltige Entwicklung immer öfter thematisiert und die Regierung versorgt vermehrt über das Internet die Öffentlichkeit mit Umweltinformationen (OECD 2007: 28, 243ff).

Die chinesische Regierung ist auch durchaus bemüht durch verschiedene Umweltstandards die Unternehmen dazu zu bewegen, umweltfreundlicher zu produzieren. Halten diese sich nicht an die Regelungen gibt es eine Reihe von Konsequenzen: Verwarnungen, Bußgeldzahlungen, Entzug von Lizenzen oder Genehmigungen, oder in extremen Fällen der Nichteinhaltung die Schließung der Fabrik.

Allerdings sind die Durchsetzung dieser Sanktionen nicht immer möglich, da es oft zu wenige Inspekteure gibt, die sich darum kümmern. Trotzdem sind in den vergangenen Jahren mehr als zwei Millionen solcher Inspektionen jährlich durchgeführt worden und 80.000 bis 120.000 Übertretungen bestraft worden (ebd.: 204). Anhand der folgenden Grafik (Abb. 3) kann man allerdings auch gut erkennen, dass zumindest im Zeitraum 2000-2004 in der Metropole Peking (Beijing) es kaum solche Sanktionen gegeben hat. Ob dies an der Tatsache liegt, dass sich die Unternehmen der Hauptstadt an alle Auflagen halten oder dort besonders wenig kontrolliert wird, lässt sich nicht eruieren.

Abb 3.: Sanktionen für Nicht-Einhaltung der Umweltstandards bei chinesischen Unternehmen

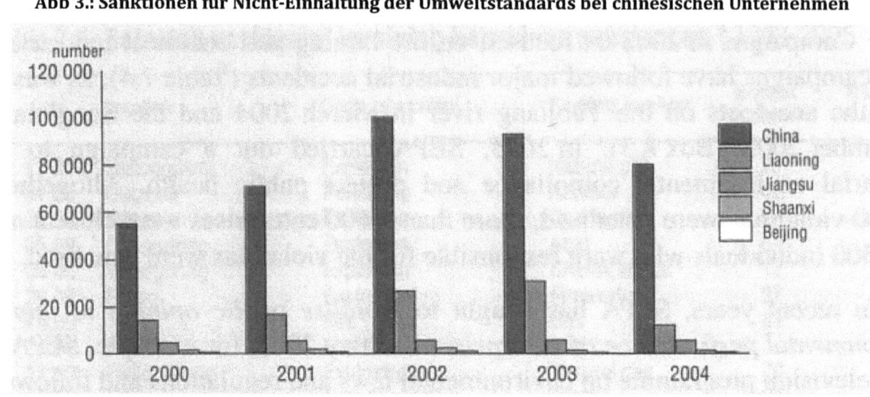

Quelle: OECD 2007: 205

Trotz aller Bemühungen den Klimawandel national und international erfolgreich zu bekämpfen, macht China auch immer wieder klar, dass es auch Grenzen ihrer Kooperation gibt, nämlich dann, wenn sie Verpflichtungen eingehen sollen, die ihre Möglichkeiten und ihre Verantwortlichkeiten übersteigen. So zuletzt geschehen im September letzten Jahres beim UNO Gipfel über Klimawandel in New York, als der chinesische Präsident Hu Jintao erklärte, China würde seinen Treibhausgasausstoß drastisch reduzieren, dann aber hinzufügte, „that developing countries should not be asked to take on obligations that go beyond their development stage, responsibility and capabilities." (HUFBAUER/ KIM 2009: 12)

Grundsätzlich lassen sich die Chinas Bemühungen folgendermaßen beschreiben:

> "China's approach has, to date, been based on a "no regrets" approach, focusing on improved energy efficiency in the power generation, industrial and transport sectors, greater use of renewable and nuclear energy, improved forestry and land use practices, and adaptation-to-change strategies (e.g. planning for sea level rise)." (OECD 2007: 295f)

Zusammenfassend lässt sich also sagen, dass sich China darauf konzentriert seine Energieeffizienz zu verbessern, mehr auf erneuerbare und nukleare Energie setzt und sich schon einmal auf eventuelle Folgen des Klimawandels vorbereitet. Zusätzlich will China in Zusammenarbeit mit den Industrieländern entscheidende Fortschritte in der Entwicklung von Technologien, die bei der Bekämpfung des Klimawandels helfen sollen, erzielen. Die Regierung scheut auch nicht davor zurück, sich ganz konkrete Ziele zu setzen, die sie mit Hilfe von verschiedenen Institutionen und Mechanismen erreichen will. Und obwohl dies alles positiv und ermutigend klingt, muss die Frage erlaubt sein, ob das reichen wird.

6. Ausblick und Resümee

Grundsätzlich ist die OECD von Chinas Bemühungen im Kampf gegen den Klimawandel überzeugt. Vor allem die umfangreichen und modernen Umweltgesetze, gepaart mit den Fünf-Jahres-Plänen sind eine gute Basis für eine nachhaltige Entwicklung und Fortschritt im Bereich des Klimaschutzes (ebd.: 178).

Gleichzeitig ist aber zu befürchten, dass aufgrund des starken Wirtschaftswachstums und der damit verbundenen Herausforderungen, die Bemühungen der chinesischen Behörden im Kampf gegen Umweltprobleme und Klimawandel nicht ausreichend sein werden. Es fehle letztendlich bei allen Bemühungen an Effektivität und Effizienz, so der letzte Bericht der OECD (ebd.: 17). Das werde vor allem dadurch deutlich, dass einige Hauptziele des zehnten Fünf-Jahres-Plans nicht erreicht werden konnten und in vielen Regionen Chinas nach wie vor starke Umweltprobleme vorherrschen, so die OECD.

Weiters erklärt die OECD, dass selbst wenn China seine optimistischen Ziele schaffen sollte, die Prognosen darauf hindeuten, dass im Jahr 2025 das Land nach wie vor der größte Treibhausgasemittent sein wird, mit einer steigenden Tendenz was die absoluten Emissionen betrifft. Und das obwohl sie vermehrt in andere Energiequellen investieren und technologische Fortschritte im Bereich der CO_2-Emissionskontrolle geplant haben (ebd.: 298f). Denn China setzt nicht nur weiterhin hauptsächlich auf Kohle bei der Energiegewinnung, es ist auch der größte Produzent und Konsument von ozonschädigenden Substanzen (ebd.: 30f).

Außerdem gibt es bei der flächendeckenden Umsetzung der Klimapolitik noch große Defizite, denn die Gesetze und Bestimmungen werden vor allem in den besser entwickelten Gebieten angewendet. Das führt oft dazu, dass Industrien mit hoher Umweltbelastung in andere Landesteile abwandern, wo der ökonomische Fortschritt gegenüber dem Umweltschutz nach wie vor Priorität hat (STERNFELD 2008: 46).

Was den Gebrauch von erneuerbaren Energien angeht, könnte China eine Vorreiterrolle spielen, denn sie haben das größte Potenzial an Wasserkraft und ein hohes Potenzial an Windkraft und Solarenergie, nutzen dies aber noch nicht ausreichend. Nach wie vor ist die Wirtschaft großteils auf Kohleenergie aufgebaut. Das muss sich in Zukunft ändern.

Die OECD zeigt auf, dass in einigen Bereichen noch Luft nach oben ist (OECD 2007):

- Zugang zu Informationen über Umwelt- und Klimaschutz
  - Es sollten vermehrt Indikatoren für umweltfreundliches Verhalten entwickelt und angewendet werden und im Bereich der Bildung, beispielsweise an den Universitäten, noch mehr Umweltbewusstsein geweckt werden. Außerdem sollten ökonomische Informationen in Bezug auf die Umwelt stärker zur Verfügung gestellt werden.

- Finanzielle Unterstützung Chinas
  - Zum einen sollte China selbst mehr Geld in den Kampf gegen den Klimawandel investieren, zum anderen sollten sie auch ganz gezielte finanzielle Unterstützung von OECD Ländern erhalten.

- Stärkere Kontrollen
  - Industrien müssen durch stärkere Kontrollen und falls notwendig auch Sanktionen zu einem Umdenken im Bereich Umweltschutz gezwungen werden.

- Effizientere Umweltausgaben
  - Umweltausgaben sollten effizienter getätigt werden.

- Mehr Umweltsteuern, vor allem im Bereich Transport
  - Im Vergleich zu den meisten OECD Ländern sind die Einnahmen Chinas durch Umweltsteuern relativ gering. Vor allem im Bereich der Besteuerung von Sprit gibt es Luft nach oben.

Dieser letzte Bereich wird womöglich in der zukünftigen Klimapolitik Chinas eine große Rolle spielen, wie folgendes Zitat deutlich macht:

> "Transportation is the fastest growing economic sector in China. Air transport is booming, while the average annual growth in vehicle numbers has amounted to 13% since the early 1990s (Zhou and Szyliowicz, 2005), reaching 27 million passenger cars

and commercial vehicles, 79 million motorcycles and 25 million agricultural vehicles in 2004. China is already the world's second largest car market [...] Given that private car ownership still is very low compared to that in OECD countries, further rapid growth can be expected." (ebd.: 79)

Anhand folgender Grafik lässt sich bestätigen, dass dieser Sektor seit einigen Jahren sehr stark wächst. Im oberen Teil der Abbildung ist erkennbar, dass vor allem der Luftverkehr stark zugenommen hat, sowohl im Bereich des Frachtverkehrs wie auch beim Personenverkehr. Im unteren linken Teil der Abbildung lässt sich erkennen, dass vor wenigen Jahren noch sehr wenige Chinesen mit einem privaten Fahrzeug unterwegs waren, vor allem im Vergleich zu den kapitalistischen Ländern. Diese Zahl wird in Zukunft mit Sicherheit noch steigen.

Abb 4.: Chinesischer Transportsektor

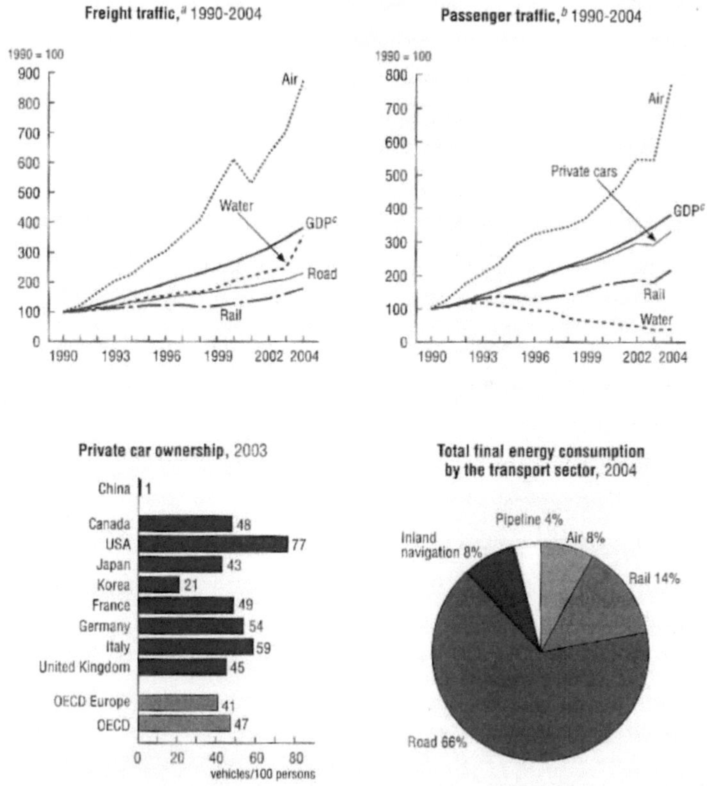

a) Index of relative change since 1990 based on values expressed in tonne-kilometres.
b) Index of relative change since 1990 based on values expressed in passenger-kilometres.
c) GDP expressed in 2000 prices and purchasing power parities. Based on the revised historical data on China's GDP done by NBSC, 20 January 2006.

Quelle: OECD 2007: 80

Bei alledem dürfen wir nicht vergessen, dass China inzwischen der größte Treibhausgas-emittent ist und daher von der internationalen Gemeinschaft besonders unter Druck gesetzt wird. Parenti geht sogar soweit, zu behaupten, das Schicksal der ganzen Welt hinge von dem Weg ab, den China in Bezug auf ihre Energieversorgung einschlagen wird (PARENTI 2009). Daher müsse China auch rasch seine Bereitschaft erklären, die nationalen Strategien und Maßnahmen in internationale Verpflichtungen umzumünzen, so Howes (Howes 2009: 10). Ohne China aktiv in die internationale Klimapolitik einzubinden, wird es schwer werden, die globalen umweltpolitischen Herausforderungen zu bewältigen.

Doch China wehrt sich bislang noch, konkrete internationale Verpflichtungen einzugehen, auch weil sie stets mit dem Finger auf die USA zeigen können, die einen fünfmal höheren Kohlendioxidausstoß pro Kopf haben, sich aber ihrerseits ebenfalls seit Jahren davor drücken angemessene Reduktionen vorzunehmen (ROMMENEY/YU 2008: 54).

Letztendlich aber geht es auch für China vor allem um die Kostenfrage: Nur wenn es möglich gemacht werden kann, dass Klimaschutzziele zu möglichst geringen Kosten erreicht werden können, wird das Land die Bereitschaft zeigen einem Klimaschutzabkommen beizutreten (KEMFERT 2005: 464).

Um auf das Zitat am Anfang der Arbeit zurückzukommen: China ist durchaus bemüht, sich im Umwelt- und Klimaschutz zu engagieren und hat längst erkannt, dass es sich auch ökonomisch gar nicht lohnt die wirtschaftlichen Ziele ohne Rücksicht auf die Umwelt zu verfolgen.

Wir haben gesehen, dass sie im Kampf gegen den globalen Klimawandel sowohl national als auch international engagiert sind und nicht davor zurückscheuen sich in diesem Zusammenhang konkrete Ziele zu setzen und mit Hilfe von Institutionen und Mechanismen durchzusetzen. Vor allem im Bereich der erneuerbaren Energien hat China immenses Potenzial, das erst teilweise ausgeschöpft worden ist.

Trotzdem bleibt aufgrund des weiterhin starken Wirtschaftswachstums und dem zunehmenden Wohlstand der Bevölkerung die Frage, ob alle diese Bemühungen nicht lediglich ein Tropfen auf den heißen Stein sind.

7. Bibliographie

CNCCP (2007): *China's national climate change programme*, online verfügbar auf
www.ccchina.gov.cn/WebSite/CCChina/UpFile/File188.pdf (letzter Zugriff: 27. 7. 2010)

CHINESISCHE REGIERUNG (2006): *Facts and figures: China's main targets for 2006-2010*, online
verfügbar auf http://www.gov.cn/english/2006-03/06/content_219504.htm
(letzter Zugriff: 27. 7. 2010)

GREENPEACE (2008): *Coming of Age: China's Environmental Awareness Gains Momentum,* online
verfügbar auf http://www.greenpeace.org/china/en/about/china-environment (letzter
Zugriff: 27. 7. 2010)

HOWES, STEPHEN (2009): *Common Ground Must Be Found, and Fast,* in: Petri, Peter A. (Hrsg.),
East-West Dialogue, Issue #4, December 2009, Honolulu, S. 9-11

HUFBAUER, G./ KIM, J. (2009): *Prospects for International Climate Negotiations: Copenhagen and
Beyond,* in: Petri, Peter A. (Hrsg.), East-West Dialogue, Issue #4, December 2009, Honolulu, S.
2-3, 11-14

KEMFERT, CLAUDIA (2005): *Klimapolitik mit China und den USA nach 2012,* in: Zimmermann, K.
et al. (Hrsg.), DIW Berlin, Nr. 31/2005, Berlin, S. 463-467

OECD (2007): *OECD Environmental Performance Reviews*: China, OECD Publications, Paris

OECD (2009): *Eco-Innovation Policies in The People's Republic of China,* Environment
Directorate, OECD

PARENTI, CHRISTIAN (2009): *Can China Catch a Cool Breeze?,* Onlineversion von "The Nation", 15.
April, 2009. Online verfügbar auf http://www.thenation.com/article/can-china-catch-cool-
breeze (letzter Zugriff: 27. 7. 2010)

QIAN, CHENG (2008): *Ein Porträt der Klimapolitik Chinas,* Germanwatch e. V.: Bonn 2008, online
verfügbar unter: http://www.germanwatch.org/klima/chin10d.htm (letzter Zugriff: 27. 7.
2010)

ROMMENEY, DIRK/YU, JIE (2008): *Auch China heizt im Treibhaus,* in: Politische Ökologie 110:
China, oekom Verlag: München, S. 53-55

SCHMIDT-GLINTZER, HELWIG (2008): *Fehler im System,* in: Politische Ökologie 110: China, oekom
Verlag: München, S. 20-22

SHI, CHUAN (2008): *Höchste Zeit für die Trendwende,* in: Politische Ökologie 110: China, oekom
Verlag: München, S. 31-34

SINO-GERMAN ENVIRONMENTAL POLICY PROGRAMME: China to develop low-carbon economy, online
verfügbar auf http://www.environmental-policy.cn/news/details/news/china-to-develop-
low-carbon-economy/150.html (letzter Zugriff: 27. 7. 2010)

STERNFELD, EVA (2008): *Vom Papiertiger zum Ökosieger,* in: Politische Ökologie 110: China,
oekom Verlag: München, S. 44-47

WASSERMANN, ROGERIO (2009): *Can China be Green by 2020?*, April 2009, online verfügbar auf: http://news.bbc.co.uk/2/hi/business/7972125.stm (letzter Zugriff: 27. 7. 2010)

ZHANG, ZHONGXIANG (2009): *Climate Commitments to 2050: A Roadmap for China*, in: Petri, Peter A. (Hrsg.), East-West Dialogue, Issue #4, December 2009, Honolulu, S. 2-7